Gambiarras com Arduino

Criando, modificando e aprendendo

Claudio Yamamoto Morassuti

São Paulo
Edição do autor
2023

Morassuti, Claudio Yamamoto
Guambiarras com Arduino [livro eletrônico] : criando, modificando e aprendendo / Claudio Yamamoto Morassuti. -- São Paulo, SP : Ed. do Autor, 2023.
PDF

Bibliografia.
ISBN 978-65-00-83719-3

1. Arduino (Linguagem de programação para computadores) 2. Eletrônicos - Processamento de dados I. Título.

23-177318 CDD-005.133

Índices para catálogo sistemático:

1. Arduino : Linguagem de programação : Computadores : Processamento de dados 005.133

Tábata Alves da Silva - Bibliotecária - CRB-8/9253

Agradecimentos

Agradeço a todo o público que adquiriu esta obra. O livro é uma forma de arrecadar fundos para a criação de uma startup, a CYK Instrummets, que tem por objetivo criar ferramentas e metodologias que possam ser usadas, para que as pessoas, a partir delas, possam criar e exercitar suas próprias estratégias e competências para superar seus próprios obstáculos, sejam eles de caráter econômicos, sociais ou acadêmicos.

Para todos que gostam de descobrir como as coisas funcionam.

Obrigado!

Claudio Y. M.

Sumário

Prefácio

Como na dedicatória deste livro, "*Para aqueles que gostam de descobrir como as coisas funcionam,*" o livro é direcionado para aquelas pessoas que tem a curiosidade ao ponto de desmontar os próprios eletrônicos e eletrodomésticos que usamos em nosso dia-a-dia, para entender como funcionam ou até mesmo para aproveitar algo.

Aqui irei usar alguns componentes eletrônicos removidos de impressoras, óculos 3D, escovas rotativas e alguns próprios da plataforma Arduino, como drivers de motor-de-passo, LEDs, etc.

O livro apresenta uma estrutura simples: a ideia geral da aplicação desenvolvida é apresentada nos primeiros parágrafos, em seguida, uma lista dos materiais usados para sua construção da aplicação, por fim, o programa desenvolvido no IDE do Arduino, juntamente com uma figura ilustrando a ligação dos componentes eletrônicos realizada pelo autor. Após o programa, há uma pequena discussão sobre suas funções e como o sistema é como um todo.

Serão apresentados exemplos clássicos como a utilização de um LED, bem como programas mais sofisticados como o uso de lentes de óculos 3D para criar uma comunicação a distância entre dois Arduinos via pulsos de laser.

Vale destacar que estes programas foram testados pelo autor e que a replicação dos mesmos é de inteira responsabilidade de seus executores, uma vez que muitos dos circuitos utilizam componentes eletrônicos considerados como lixo eletrônico (motor de passo de impressora, motores DC, sensores de luz, fios, etc.) que por sua vez podem ser reaproveitados, porém deixando a aplicação projetada e testada especificamente para estes componentes.

Logo o objetivo aqui não é ensinar a fazer, mas mostrar exemplos do que foi feito com o uso destes componentes, para que o leitor tenha uma noção do que é possível fazer com dispositivos que geralmente jogamos na lata de lixo quando falham ou sua principal funcionalidade deixa de existir.

Sobre o autor

Claudio Yamamoto Morassuti, brasileiro, nascido no Estado do Mato Grosso do Sul, em 30 de janeiro de 1991, filho de agricultores, área que atuou aprendendo sobre o manejo de cultivares como soja e milho. Tem graduação em Física Licenciatura Plena, mestrado e doutorado em Ciência Ambientais (PGRN-UEMS) pela Universidade Estadual de Mato Grosso do Sul, é pós-doutor em Ciência dos Materiais pela Universidade Federal do Mato Grosso do Sul (PPGCM - UFMS). Atuou em pesquisas de ponta com materiais vítreos e cristais dopados com íons de terras-raras e polímeros conjugados, para desenvolvimento de sensores ópticos. Atuando no cenário de dificuldades orçamentárias da pesquisa científica brasileira, o autor desenvolveu as habilidades de programação de microcontroladores Arduino e Basic Stamp para o auxílio em experimentos físicos para o estudo das propriedades ópticas dos materiais.

Arduino: introdução

Basicamente existem dois tipos de Arduino UNO no mercado, denominados como vulgarmente chamados de "originais e os paralelos". No caso dos originais a própria IDE que baixamos do site do fabricante [1] fornece os drives de comunicação USB (https://www.Arduino.cc/en/main/software), porém os paralelos não, são necessários baixar um pacote de drivers adicional para a instalação. Na Figura 1 são apresentados os Arduinos UNO comercializados.

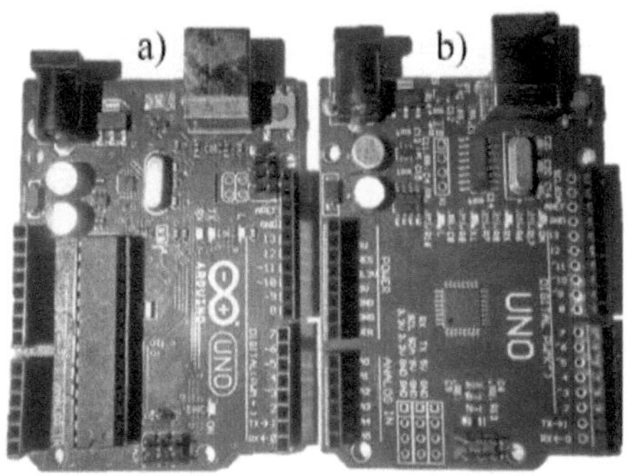

Figura 1. a) UNO original e b) UNO paralelo

Os dois Arduinos da Figura 1 são semelhantes, a diferença mais notável está no tipo de chip utilizado. No "original" temos o ATMEGA 328P-PU já no paralelo temos o MEGA 328P AU 1527. Também se observa que o "paralelo" vem com este chip soldado diretamente na placa, enquanto que no original, o mesmo é conectado sobre um soquete, permitindo a troca caso o chip queime. Para a instalação do Arduino paralelo utilizamos um driver denominado driver CH340. Após instalado é possível conectar o Arduino UNO paralelo no computador.

Agora para transferir os programas para o Arduino é necessário saber em qual porta COM (usuários de Windows) o Arduino irá ser conectado, para isso é preciso abrir o gerenciador de dispositivos do Windows. No caso de sistemas operacionais Windows7/8/10, foi usado o comando ***mmc devmgmt.msc*** no menu executar para abrir o gerenciador de dispositivos. A Figura 2 apresenta a localização da porta em que o Arduino está conectado.

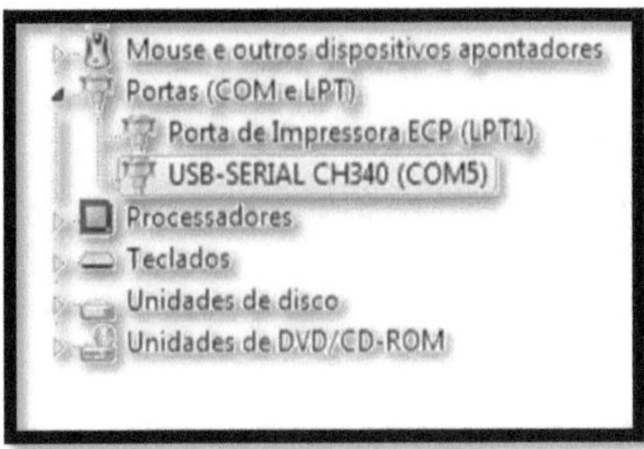

Figura 2. Gerenciador de dispositivos aberto mostrando a porta serial COM 5 e o driver CH340.

Na Figura 2 podemos é observado que após a instalação do driver CH340 o computador reconhece o Arduino, em USB-SERIAL CH340 (COM 5), no caso ele está na porta COM 5. Agora todos os programas já podem ser carregados na placa.

Sabendo em que porta o Arduino está conectado é preciso agora selecioná-la na IDE do Arduino [1], que é o software usado para escrever os programas em C++ e transferir para o Arduino via USB. A Figura 3 presenta a IDE do Arduino.

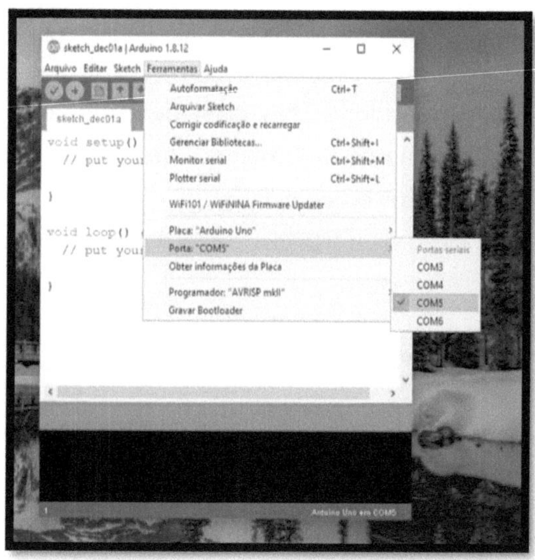

Figura 3. IDE do Arduino aberta na área de trabalho do sistema operacional.

A Figura 3 apresenta o "programa que foi usado para programar" que é conhecida como IDE (Integrated Development Environment – do inglês, ambiente de desenvolvimento integrado) do Arduino, nela irei escrever os códigos dos programas em linguagem C++ e transferir para o ATMEGA 328. Note que para isso a porta COM que o Arduino se conectou no computador deve estar selecionada aqui.

Controlando um LED

O objetivo deste capítulo é controlar um LED com Arduino. Este é um dos exemplos clássicos de uso da plataforma, e foi realizado com o intuito de teste, pois não é necessário grandes conhecimentos sobre eletrônica e sua programação é simples além de lançar as bases para o entendimento da criação de pulsos de 5V usados para controlar um motor-de-passos por exemplo, ou demais programas que virão nas próximas seções.

Materiais:

- Arduino UNO;
- LED Ø 5 mm corrente de 20 mA e tensão de 1,8 a 2,0 V;
- Resistor de ¼ W, 10kΩ;
- Resistor de ¼ W, 1kΩ;
- Resistor de ¼ W, 390Ω;
- Fios ou cabos;
- Botão ou chave liga/desliga.

As portas I/O (do inglês, *Input/Output*, entrada e saída) do Arduino UNO suportam correntes de até 40 mA (miliampéres), com tensão de 5V (Volts)[1]. Portanto, é preciso calcular as correntes que o circuito utilizará para manter o padrão adequado de alimentação, sem riscos para suas portas, ou para o dispositivo eletrônico. Para isso montaremos um diagrama simples de um LED, resistor e fonte de 5V, demonstrado na Figura 4.

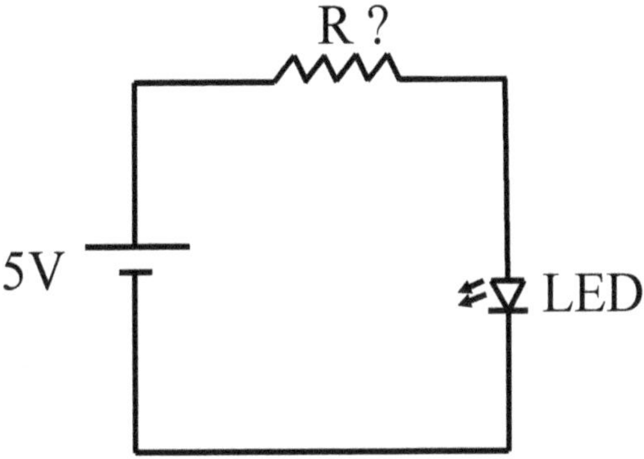

Figura 4. Diagrama elétrico de ligação de um LED.

Para saber qual é a corrente no circuito, foi verificado no datasheet do dispositivo usado, porém, em alguns casos, não é possível encontrar estas informações. Tabelas com os valores de corrente e tensão pelo tamanho do LED são fornecidas, podendo ser encontradas na internet. Por exemplo, um LED de diâmetro de 5,0 mm possui correntes em torno de 20 mA e tensão de 1,8 a 2,0 V, nestes casos, foi usado este procedimento para determinar estas informações. Entretanto, a fonte de tensão, como mostrado na Figura 3, é de 5V, logo foi adicionado um elemento para dividir esta tensão de forma a ajustarmos seu valor sobre o LED. Este componente é o resistor, no caso de resistores de ¼ de W (Watt) há exatamente um máximo de 0,25 W de dissipação de energia neste resistor. Se o LED tem uma tensão média de 1,9 V o resistor terá que usar o restante dos 5V aplicado sobre ele, ou seja, 1,9-5=3,1V. Para calcular o valor da resistência recorre-se a equação [2]:

$$R = \frac{E}{I} \qquad (1)$$

Onde *E* é a tensão aplicada sobre o resistor (3,1V) e *I* a corrente (20 mA ou 20 10^{-3} A, relacionado ao LED utilizado), logo o valor da resistência *R* é de 155 **Ω** (Ohms). Este valor foi arredondado para 160 **Ω** para garantir que a corrente não exceda os 20 mA caso alguma flutuação na alimentação do circuito aconteça. Agora para saber quanta energia esse resistor irá dissipar nessa configuração utilizamos a equação 2 a seguir [2].

$$P = \frac{V^2}{R} \qquad (2)$$

P é a potência dissipada pelo resistor medida em unidades de Watt [W], *V* é a tensão sobre o LED (3,1 V) e *R* seu valor de resistência (160 **Ω**).

Logo, nestas condições, temos um valor de 0,06W dissipados no resistor, bem abaixo do seu máximo (0,25W), evitando possíveis queimas. Agora podemos apresentar o programa onde o Arduino irá controlar o LED.

Programa:

```
01 ///***Arduino + LED***
02 int LED = 12;                          // "Pino do LED"
03 int Botao = 2;                         // "Pino do Botão"

04 void setup () {
05 pinMode (LED, OUTPUT);                 // "LED é um pino de saída"
06 pinMode (Botao, INPUT);                // "Pino de saída"
07 Serial.begin(9600);                    // "Ligando a comunicação serial"
08 }
09 void loop () {
10 int Estadobotao = digitalRead (Botao); // "Lendo botão"
11 if ( Estadobotao == LOW) {
12 digitalWrite (LED, LOW);               // "Escrevendo zero volt no LED"
13 }
14 else {
15 digitalWrite (LED, HIGH);              // "Escrevendo 5 volts no LED"
16 }
17 Serial.println (Estadobotao); // "Imprimindo o valor lido no Botão"
18 }
```

Nas linhas 01 a 07 é definido os nomes dos pinos 12 e 2. O pino 12 é conectado no terminal positivo do LED, nele é aplicado um potencial de +5V ou 0V, dependendo se o botão for ou não acionado. Nas linhas 4 a 6 são definidas as configurações iniciais dos pinos e a comunicação serial é iniciada. Já no *void loop*, na linha 10 o programa verifica o estado do botão que é armazenado na variável tipo *int* (inteira).

Na Figura 5, quando o botão (representado pelo círculo vermelho no canto inferior esquerdo na placa) for pressionado o estado do pino 2 irá para o valor lógico 1(1=HIGH = 5V) e, portanto, o valor da variável "*Estadobotao*" será 1, já quando o mesmo não é pressionado seu valor lógico é zero (LOW=0V).

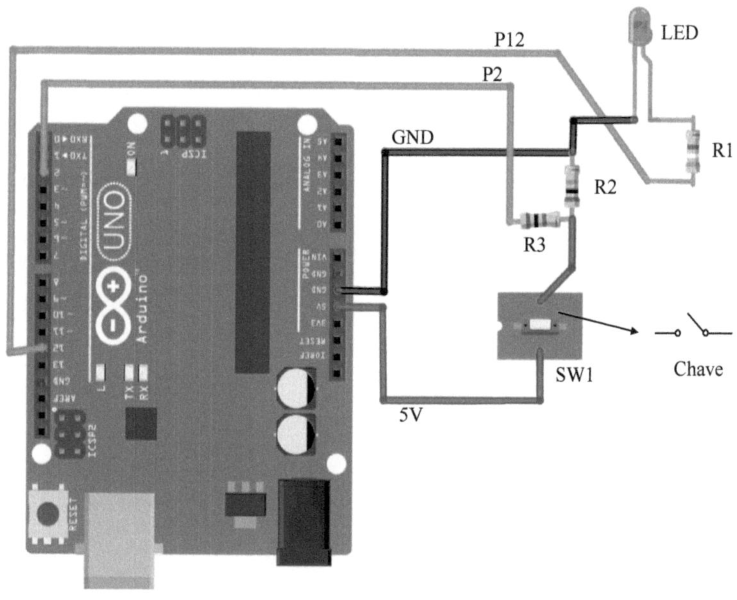

Figura 5. Esquema mostrando as ligações para controle do LED[1]. R1= 390Ω, R2=10kΩ e R3=1kΩ.

[1] Software para usado para criar os desenhos de ligações e esquemas elétricos do livro [3]: https://fritzing.org/

Na instrução *if* da linha 11 definimos o que fazer para cada um dos dois estados acima. Se a variável "*Estadobotao*" for zero, o Arduino irá "escrever" zero volts no pino 12, portanto todo o circuito terá o mesmo potencial elétrico e, portanto, o LED não acende (linhas 11 e 12). Já para o valor lógico 1 o Arduino irá "escrever" 5 volts no pino 12, portanto o circuito estará sobre uma diferença de potencial de 5V ascendendo o LED (linha 15). Na linha 17 é impresso o valor da variável "*Estadobotao*" na porta serial, isto ajuda na verificação do funcionamento do programa por meio do monitor serial da IDE do Arduino.

Variando a Intensidade

Nesta aplicação foi desenvolvido um sistema para controlar a intensidade luminosa do LED, ou seja, é possível fazer com que o LED brilhe menos ou mais girando um potenciômetro. Para isso iremos utilizar as portas pwm do Arduino. As portas pwm estão identificadas com o símbolo de "~" antes do número do pino por exemplo o pino ~11.

O PWM (*Pulse Width Modulation*) ou modulação de largura de pulso é uma forma de mudar a tensão aplicada na porta para valores entre 0 e 5V, para isso o Arduino modifica o tempo entre um nível alto (5V) e o tempo em um nível baixo (0V) desta forma temos uma onda quadrada modulada. Em outras palavras, com os pinos pwm podemos aplicar tensões mais baixas que 5V, como 2,0 V ou 3,2 V.

Materiais:

- Arduino UNO;
- LED 5mm corrente de 20mA e tensão de 1.8-2.0 V;
- Resistor de ¼ W, 10kΩ;
- Resistor de ¼ W, 160Ω;
- Fios ou cabos;
- Potenciômetro de 10K.

Na Figura 6 estão apresentados os esquemas de ligação do Arduino com os componentes eletrônicos citados acima.

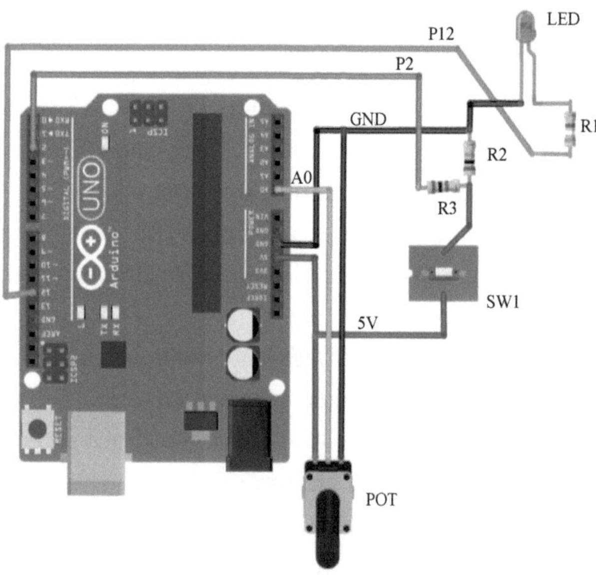

Figura 6. Esquema mostrando as ligações para controle da intensidade do LED. R1= 390Ω, R2=10kΩ e R3=1kΩ e Potenciômetro (POT) de 1kΩ.

Programa:

```
01  ///***Arduino UNO: variando intensidade***
02  int LED=11;                          // "Pino do LED"
03  int Botao=2;                         // "Pino do botão"
04  #define PotPin 0                     // "Define o pino A0 como PotPin"
05  void setup() {
06  pinMode(LED, OUTPUT);                // "O LED é um pino de saída"
07  Serial.begin(9600);                  // "Ligando a comunicação serial"
08  }
09  void loop() {
10  int leitura= analogRead(PotPin); // "Lendo pino do potenciômetro"
11  int pwm= map(leitura, 0,1023 ,0, 255);       // "Mapeando"
12  int Estadobotao= digitalRead(Botao);         // "Lendo botão
13   if( Estadobotao== HIGH){
14   analogWrite(LED, pwm);              // "Escrevendo o valor pwm no LED"
15  }
16   else {
17   digitalWrite(LED, LOW);             // "Escrevendo zero no LED"
18  }
19   Serial.println(pwm);                // "Imprimindo o valor do pwm"
20  }
```

Na instrução da linha 10 o Arduino irá ler um valor no potenciômetro e armazenar na variável "*leitura*". Como este é um valor que vai de 0 a 1023 é necessário fazer uma espécie de conversão para os valores aceitos para "impressão" na porta pwm, que vão de 0 a 255 como definido na linha 11 pela instrução *map*.

Depois, o Arduino irá ler o estado do botão, que quando pressionado (linha 13) irá imprimir o valor da variável pwm, no pino do LED, que é o pino 11. Visualmente, quanto maior o valor desta variável mais o LED brilha. Na linha 16, caso o estado do botão seja diferente de LOW o LED permanece desligado (linha 17, aplicamos LOW ou 0V no pino do LED). Na linha 19 o Arduino imprime na porta serial o valor da variável "pwm", para que possamos visualizá-lo no monitor serial.

Controlando um motor de passo

Nesta aplicação será realizado o controle de um motor de passos bipolar por meio de um driver Toshiba TB6560 e um Arduino UNO. Esta aplicação é muito usada quando necessitamos do controle preciso do deslocamento de objetos. A Figura 7 apresenta o driver de 1 eixo da Toshiba TB6560.

Figura 7. Driver TB6560, vista superior.

Na Figura 7, podemos ver que existem dois soquetes (áreas destacadas em vermelho), onde encontramos os pinos B-, B+, A-, A+, e EN-, EN+ CW-, CW+, CLK+. A entrada de GND e 24V é para de uma fonte externa de alimentação. As entradas B+ e B- e

A+ e A- são usadas para conectar o motor-de-passos, ou seja, uma positiva e outra negativa para cada uma das bobinas do motor. Se caso, não conhecemos o datasheet do motor utilizado, deve-se identificar as bobinas aplicando o teste de continuidade do multímetro nos fios do motor, para descobrir quais estão conectados juntos, assim é possível identificar os pares que fazem parte da mesma bobina, ou seja A+, A-, B+ e B-.

Após conectar o motor de passos no driver, antes de ligá-lo, foi ajustado a corrente de operação do seu sistema usando as chaves SW1, SW2, SW3 e S1, e a tabela impressa sobre a placa do driver, por exemplo, para um motor de corrente de operação de 0,3 A temos que posicionar as chaves de acordo com a sequência (0011), ou seja, as chaves SW1, SW2 desligadas (OFF) e as chaves SW3 e S1 ligadas (ON).

Materiais:

- Arduino UNO
- Driver TB6560
- Motor de passo bipolar
- Fonte de 24 V (Tensão contínua)
- Multímetro (caso precise descobrir os pares de fios do motor)

A Figura 8 apresenta a nova configuração de montagem utilizando Arduíno + TB6560 e motor de passo.

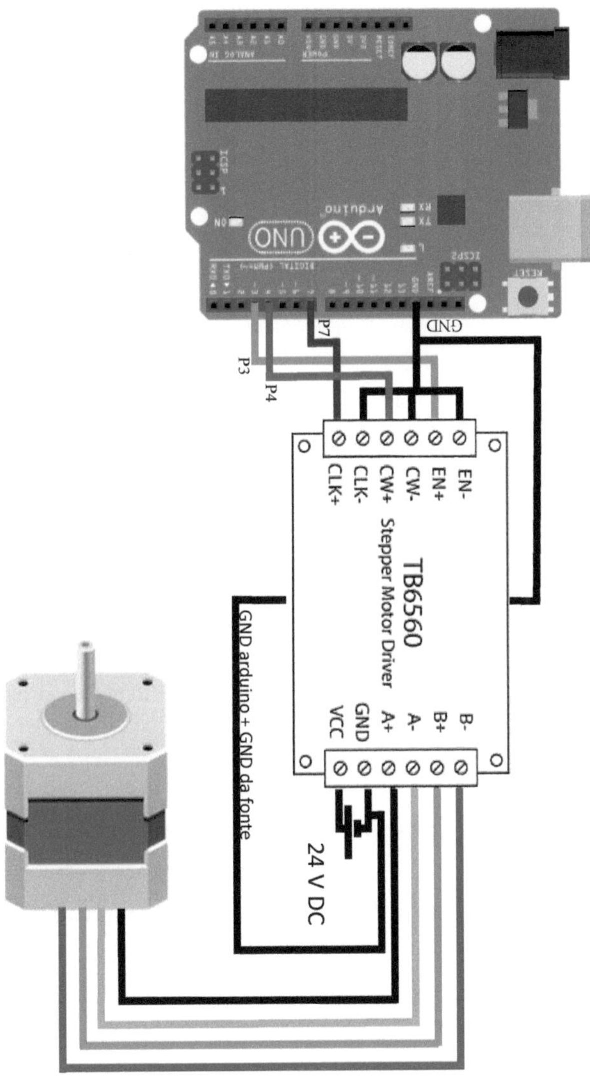

Figura 8. Esquema de ligação: Arduíno + TB6560 + Motor de passo.

Programa:

```
01  int passo=7;                        //"Pino que recebe os pulsos"
02  int dir= 4;                         //"Pino de direção"
03  int enable=3;                       //"Pino que ativa o eixo"
04  void setup () {
05  pinMode (passo, OUTPUT);            //"O pino passo é um pino de saída"
06  pinMode (dir, OUTPUT);              //"O pino direção é um pino de saída"
07  pinMode (enable, OUTPUT);           //"O pino enable é um pino de saída"
08  digitalWrite (enable, LOW);         //"Low ativa o eixo para trabalho"
09  digitalWrite (dir, HIGH);           //"High=direção anti-horário de rotação"
10  }
11  void loop() {                       //"Laço de repetição"
12  digitalWrite (passo, HIGH);         //"Eleva a tensão do pino para 5V"
13  delay (10);                         //"Espera 10 ms com o pino em 5V"
14  digitalWrite (passo, LOW);          //"Abaixa a tensão do pino para 0V"
15  delay (10);                         //"Espera 10 ms com o pino em 0V"
16  }
```

Na primeira linha do programa, o pino 7 do Arduino é usado para mandar pulsos para a placa TB6560, este pino está conectado no pino CLW+. O pino 4 é o pino de direção (conectado ao pino CW+ do driver), logo aplicando LOW (0V) neste pino o motor irá rodar no sentido horário e se aplicarmos HIGH (5V), no sentido anti-horário. O pino 3 é o pino que ativa o eixo utilizado, como este driver é apenas de um eixo basta aplicar LOW neste pino ou conectá-lo no pino de GND do Arduino. Caso seja aplicado HIGH irá desativar o eixo, ou seja, por mais que o Arduino mande pulsos, o motor não irá rodar. No *void setup* do programa definimos os pinos de direção ("*dir*"), passo ("*passo*") e de ativação do eixo ("*enable*") como saídas (OUTPUT), (linhas 05 a 07). Já nas linhas 08 e 09 definimos LOW para o pino de ativação do eixo e HIGH para a direção, ou seja, o motor irá rodar no sentido anti-horário, escrevemos esta linha no setup justamente para que o Arduino execute uma única vez no início da aplicação pois não há necessidade de executá-las repetidamente dentro do *void loop*.

No *void loop*, nas linhas 12 a 15 a instrução escreve (*digitalWrite*) no pino de passo, uma tensão de 5V em um determinado tempo, dado pela "espera" (*delay*), que no caso foi de 10 ms (milissegundos). Após este intervalo de tempo, neste pino é "escrito" o valor LOW ou 0V, por mais 10 ms, assim temos a criação de um pulso que irá girar o motor de passo, ou seja, para cada loop completo temos um pulso sendo enviado para a placa TB6560, o que faz o motor girar em passos.

Controlando um sensor de papel de impressora

Além de chaves mecânicas, também são encontradas chaves eletro-ópticas como o sensor usado em impressoras. A Figura 9 apresenta o sensor que acusa a existência de papel na bandeja das impressoras.

Figura 9. Sensor do papel de impressoras a jato de tinta. Este é o sensor que acusa a existência de papel na bandeja de uma impressora.

Materiais:

- Arduino UNO
- LED 5mm corrente de 20mA e tensão de 1.8-2.0 V
- Sensor do papel de impressora

- Resistor de ¼ W, 1k Ω, 160Ω, 10k Ω
- Capacitores cerâmicos de 75nF, 22μF
- Transistor BC548
- Fonte de 5V (carregador de celular)
- Fios ou cabos
- Multímetro (para encontrar os terminais do sensor)

Este sensor de impressora possui 3 pinos, dois deles são para a alimentação e um é o sinal que será 1 quando cortado e zero quando aberto (para descobrir quais são os pinos: olhar a trilha elétrica e descobrir os dois pinos da alimentação). Porém o sinal puro que do sensor corresponde a um valor entre de 0V e 1V. O Arduino reconhece sinais entre 0 e 5V, desta forma, deve-se criar um sistema para amplificar o sinal do sensor.

Como o sinal deste tipo de sensor (fotodiodo) está abaixo no nível de voltagem de operação do microcontrolador Atmega, é necessário o desenvolvimento de um circuito (Figura 9) que amplifica o sinal do sensor fotoelétrico até o nível de operação (0 V a 5V). A Figura 10 apresenta a eletrônica utilizada para a configuração sugerida acima.

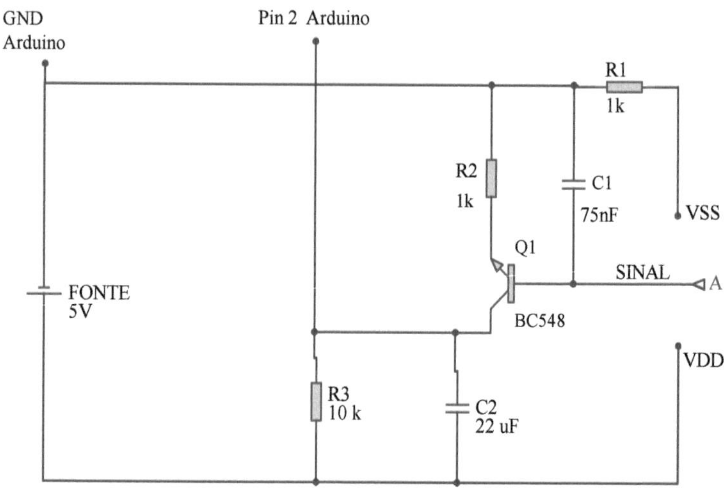

Figura 10. Circuito utilizado para amplificação do sinal do fotossensor.

O capacitor C1 é um capacitor aplicado como filtro de alta frequência para eliminar ruídos que possam interferir no circuito, provocados pela fonte ou por ondas de rádio, este capacitor também influencia no tempo de elevação ou queda do sinal, isto é, de um nível lógico para outro. A resistência R1 foi utilizada para manter a tensão de alimentação do sensor em 1 V, que é a faixa de operação para este sensor. Foi utilizado um transistor tipo PNP BC548 (em Q1) para amplificar o sinal do fotossensor numa faixa de voltagem de 0 a 5 volts. Também é necessário conectar o pino GND do Arduino com a saída de menor potencial da fonte (0V).

Programa:

```
int sen= 2;                          //"Definindo o pino de leitura do sensor"
int LED= 13;                         //"Definindo o pino positivo do LED"
void setup () {
Serial.begin (9600);                 //"Iniciando a porta serial"
pinMode (sen, INPUT);                //"O pino sen é um pino de entrada"
pinMode (LED, OUTPUT);               //"O pino LED é um pino de saída"
}
void loop () {
int estado=digitalRead(sen);         //"Lendo sensor do papel"
Serial.println (estado);             //"Enviando o valor lido para a porta serial"
 delay (100);                        //"esperando"
 if (estado==LOW){                   //"Se o valor lido é LOW então..."
 digitalWrite (LED, LOW);            //"Escrevendo LOW no pino do LED"
}
 else{                               //"Caso o valor não seja LOW"
digitalWrite (LED, HIGH);            //" HIGH (5V) no pino do LED"
}
}
```

Neste programa foi conectado um LED no pino 13, da mesma forma que foi feito no programa do Arduino + LED, porém, agora é usado como chave, o sensor óptico do papel. Na Figura 8, podemos observar que existe um retângulo preto cortado ao meio, esta peça na verdade é uma proteção para um LED e um fotodiodo que existem dentro de cada uma das extremidades da proteção, logo quando inserimos um papel ou uma fita entre o LED e o fotossensor a luz do LED não chegará mais no fotossensor, elevando o sinal para o nível de 1V, esse nível após amplificado chegará no pino 2 do Arduino como 5V, sendo assim reconhecido como HIGH. A Figura 11 apresenta o sensor ligado.

Figura 11. Sensor do papel de uma impressora HP mostrando o LED de emissão no IR espectral ligado.

Como podemos observar, o LED está ligado, porém como sua emissão de luz é no infravermelho, e o olho humano não possui sensibilidade fora da faixe de comprimentos de onda de 400 a 700 nm (nm - nanômetros). Nós só conseguimos visualizá-lo como na imagem devido ao efeito da própria câmera do celular que possui sensibilidade para ver este tipo de luz e converter para esta cor que podemos ver na foto.

No programa, na linha 9 a variável "estado" é a leitura digital do pino 2, que pode ser monitorada pelo monitor serial do Arduino quando seu valor é imprimido na porta serial. Quando a variável "estado" for igual a LOW (linha 12) aparecerá o número zero no monitor serial do Arduino e então na linha 13 o LED permanecerá apagado. Já quando algo bloquear o sensor do LED infravermelho, o valor lógico do pino 2 no Arduino será de 1, ou seja, HIGH, assim nesta condição na linha 16 ele ligará o LED, escrevendo HIGH no pino 13.

Criando uma chave óptica com lentes de óculos 3D

Nesta seção será desenvolvido uma chave óptica para lasers com o auxílio de um óculo 3D. Este dispositivo é usado aqui como uma forma de criar pulsos de laser usados para a comunicação entre Arduinos.

Inicialmente será controlado apenas uma das lentes dos óculos 3D criando pulsos de 5V em sua entrada. A Figura 12 apresenta o modelo de óculos 3D que foi utilizado (a) e a lente desmontada dos óculos (b).

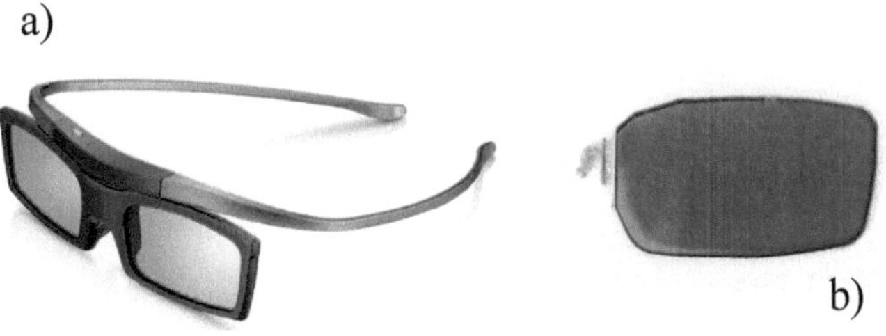

Figura 12. a) Óculos 3D e b) lente desmontada para ser usada como chave óptica para laser de diodo (laser pointer).

Nos óculos teremos uma fina fita contendo o cabo com os dois terminais, positivo e negativo que serão soldados a dois fios finos para ligarmos ao Arduino. Os dois fios são então conectados no pino de 5V e na porta GND do Arduino. Quando a lente está ligada, a mesma escurece[2]. Um laser de diodo, de comprimento de onda de 650 nm, é então apontado para a lente escurecida. Nota se, que o feixe de laser que passa através da lente diminui sua intensidade, porém ainda é visível (Fig. 13a). Rotacionando o feixe de laser podemos observar que o feixe vermelho transmitido vai diminuindo sua intensidade e, até que em uma determinada posição não haja mais transmissão (Fig. 13b).

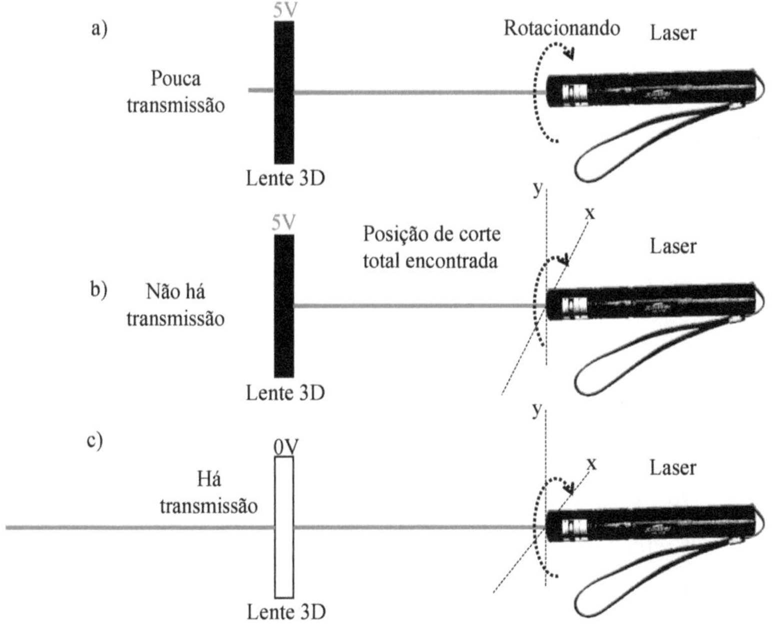

Figura 13. Alinhamento do laser para encontrar o ponto de corte total do feixe.

---

[2] **Nota**: após o desligamento da luz pode ocorrer a demora para a lente voltar a ficar transparente (efeito capacitivo), logo é importante acoplar um resistor em paralelo com a lente, como mostrado na Fig. 20.

Esta posição fixa foi usada construir nossa chave óptica (Fig.13b). Quando a tensão de 5V for desligada o feixe passa livremente pelos óculos (Fig. 13c).

Na Figura 13, um laser de diodo vermelho (laser pointer) foi usado para a construção da chave óptica com a lente de óculos 3D. Nas Figuras 13 (a) e (b) quando a lente está ligada (5V), ao apontar o laser para ela uma transmissão parcial do feixe ainda existe pois o feixe de laser (campo elétrico oscilante da luz) não está alinhado com a direção de polarização da lente [4]. Rotacionado o laser observa-se que o ponto de luz[3] transmitido do vai diminuindo até um ponto onde o mesmo é totalmente extinto. Este é o ponto de interesse para a aplicação sugerida aqui. Na Figura 14 é apresentada a ligação da lente como Arduino.

Materiais:

- Arduino UNO
- Ferro de solda
- Solda
- Fio fino, diâmetro de ~1 mm
- Óculos 3D para desmontar
- Laser pointer

---

[3] **Nota**: o feixe de laser quando apontado diretamente para os olhos pode causar lesões na retina e até mesmo cegueira. No exemplo foi usado um laser de baixa potência (<1 mW) e óculos de proteção 9(EPIs adequados).

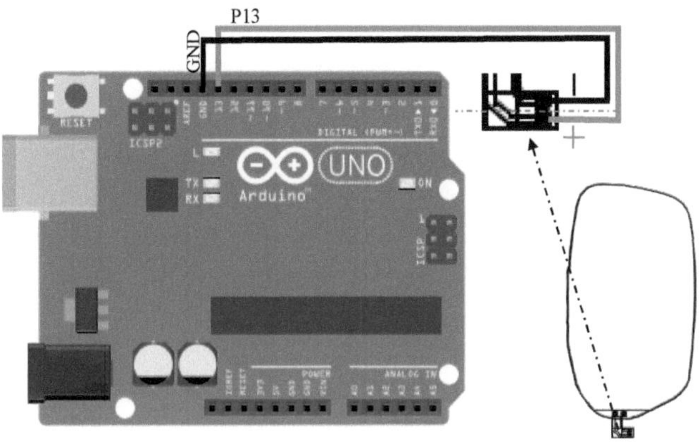

Figura 14. Esquema de ligação: Arduíno + Lente de óculos 3D.

Neste programa, pulsos de 5V com intervalos (delays) de 1000 ms foram criados. Logo a lente 3D ficará oscilando ou "ligando e desligando", desta forma. Pulsos de luz laser de aproximadamente 1 segundo também são criados.

A grande vantagem deste sistema é a possibilidade de criar uma combinação de pulsos de laser que pode ser lida por um fotossensor como um LDR. O valor lido será um código para executar uma determinada rotina no Arduino conectado ao LDR que é montado a uma longa distância, pois como o laser é direcional, a única coisa que deve ser feita é direcionar o pulso de laser para incidir em alinhadamente sobre o fotossensor conectado a este Arduino.

Para a montagem do sistema de comunicação um sensor LDR foi usado. Sua montagem é apresentada na Figura 15, juntamente com o programa.

Materiais:

- Arduino UNO
- LDR 10 mm
- Resistor de 1kΩ
- Fios
- Lente 3D com fios soldados como na Fig. 8.

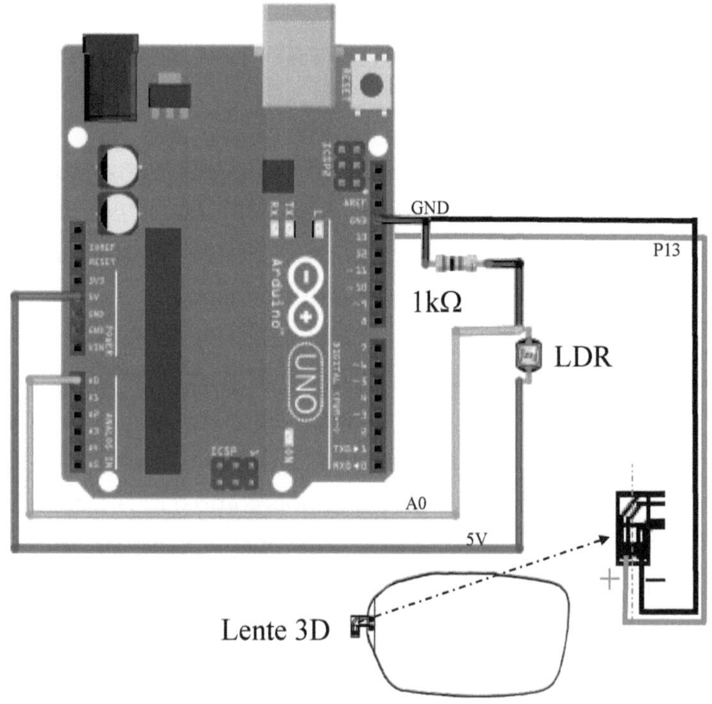

Figura 15. Esquema de ligação: Arduíno + Lente de óculos 3D+ LDR (ver nota de rodapé pag. 33)

Programa:

```
int pulso=13;                                   //"Pino de saída dos pulsos ligados a lente"
#define LDR A0                                  //"Pino do sensor LDR"
void setup () {
Serial.begin (9600);                            //"Iniciando porta serial"
pinMode (pulso, OUTPUT);                        //"Definindo pino pulso como saída"
}
void loop() {
int leitura= analogRead (LDR);                  // " Lendo o LDR"
int pwm= map (leitura, 0,1023 ,0, 255);         // " Convertendo leitura"
Serial.println (pwm);                           // " Imprimindo valor convertido"
digitalWrite (pulso, HIGH);                     // " Ligando lente 3D"
delay (1000);
digitalWrite (pulso, LOW);                      // " Desligando lente 3D"
delay (1000);
}
```

Neste programa, a porta A0 do Arduino recebe o sinal do LDR, que depende da intensidade de luz que chega nele. Desta forma, é possível fazer a leitura dos pulsos de laser criados pela lente dos óculos 3D. Para isso, a leitura do pino A0 é armazenado na variável "*leitura*", que por sua vez é convertida em um sinal de 0 a 255 pela instrução "*map*". Esta variável é exibida no monitor serial pela instrução "*Serial.println (pwm)*". Depois, temos as instruções que criam um pulso de 5V na lente dos óculos 3D com um intervalo de

1000 ms. Quando a lente é colocada na frente do laser como mostrado na Figura 15 são criados pulsos de laser e direcionados para incidir sobre o LDR.

O número que o LDR envia para o Arduino está relacionado com a intensidade média de luz do laser que chega, ou seja, alterando o valor da instrução *delay*, é possível aumentar ou diminuir este valor. O valor lido pelo LDR e armazenado em "*pwm*" muda, pois estamos alterando a intensidade média que chega no sensor no momento da leitura.

Desta forma, é possível criar um valor médio que seja resultado de uma combinação de pulsos lidos no tempo, detectados no LDR. Este valor médio pode ser relacionado a algum tipo de rotina que um segundo Arduino (já pré-programado) possa usar como comando para a execução de uma rotina. Assim, uma "comunicação serial a laser" começa a ser desenvolvida, pois uma determinada série de pulsos lidas no tempo indica uma determinada rotina de execução que um segundo Arduino interpretará como comando de execução.

Criando uma comunicação via pulsos de luz

Para exemplificar o que foi dito sobre comunicação serial a laser, foi criado uma montagem como o apresentado nas figuras 16 e 17. O Arduino UNO recebe as séries de pulsos e interpreta de acordo com um determinado valor já programado para permitir a execução de uma rotina, aqui ele controla a intensidade de um LED. Um segundo Arduino NANO, controla a lente dos óculos 3D criando pulsos de laser que estão direcionados para o LDR no Arduino UNO, a uma distância de 2 metros.

Materiais:

- Arduino UNO
- Arduino NANO
- LDR 10 mm
- Resistor de 1kΩ
- Fios
- Lente 3D com fios soldados.
- Laser pointer vermelho
- Resistor de 160Ω

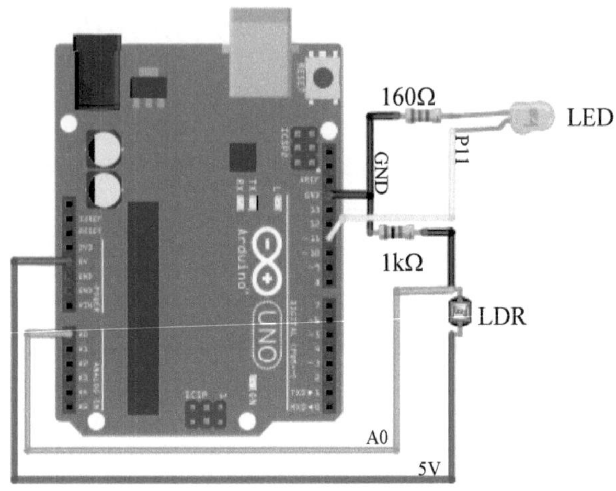

Figura 16. Esquema de ligação: Arduíno UNO + LDR+ LED.

Programa: Arduino Uno

```
int LED = 11;
#define LDR A0                                   // “Define pino do sensor LDR”
void setup () {
Serial.begin (9600);                             // “Inicia a porta serial”
 pinMode (LED, OUTPUT);                          // “Define o pino LED como saída”
}
void loop () {
int leitura1= analogRead (LDR);                  // “Lendo sensor 1° valor”
int pwm1= map(leitura1, 0,1023 ,0, 255);         // “Mapeando 1° valor”
delay (10);
int leitura2= analogRead (LDR);                  // “Lendo sensor 2° valor”
```

```
int pwm2= map (leitura2, 0,1023,0,255); // “Mapeando 2° valor”
delay (10);
int leitura3= analogRead(LDR);
int pwm3= map (leitura2, 0,1023,0,255);   // “Mapeando 3° valor”
int media= ((pwm1+ pwm 2+ pwm 3)/3);        // “média”
Serial.println (media);                   // “Imprimindo média”
delay (10);
if (media<31){             // “Se o valor da média é menor que 31”
analogWrite (LED,media);   // “Imprime a média no pino LED”
}
else{                      // “Qualquer outro valor que não seja <120”
digitalWrite(LED,LOW);     // “O pino LED é desligado (0V)”
}
}
```

No programa que está gravado no Arduino UNO, um LED verde é conectado ao pino 11 e ao pino GND do Arduino. A saída de sinal do LDR é conectada no pino A0. No *void loop* temos a leitura de três valores do sensor LDR que são armazenados nas variáveis “*leitura*” 1 a 3 e convertidas para a variável “*pwm*” de 1 a 3 também. A variável *média* fornece um valor médio das três leituras. O valor médio é mostrado no monitor serial e fica em torno de 70 (para a configuração aqui utilizada) quando há laser chegando e não chegando e 31 quando não há laser chagando no LDR (devido a iluminação externa da sala). Desta forma, foi criado uma condição “*if*”, que indica que se o valor for menor que 31, no pino 11 é escrito o valor da média (que já é um valor de 0 a 255) e o LED ascende fracamente, caso seja maior que 31 o pino 11 fica no estado LOW, ou seja o LED fica desligado. Assim, quando o feixe incidi sobre o LDR o LED fica apagado, e quando não incidir o LED fica aceso.

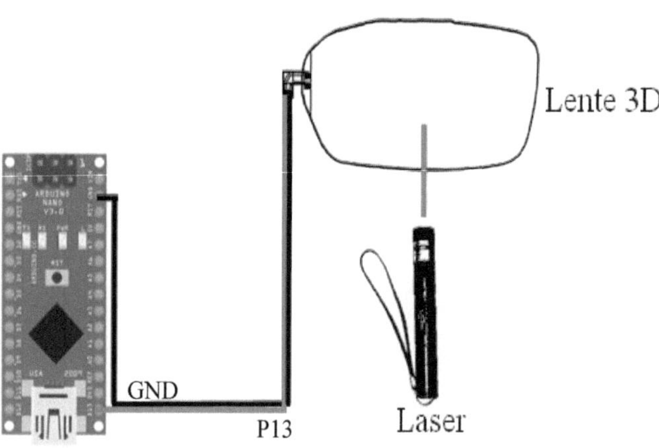

Figura 17. Esquema de ligação: Arduíno NANO + lente 3D (ver nota de rodapé, pag. 33)

Já no programa residente no Arduino NANO, a única rotina que ele executará será um laço de repetição de sinais de alto e baixo no pino 13 em que a lente 3D está conectada, de duração de 2 segundos em cada estado (alto e baixo). Logo, a lente 3D irá abrir por 2 segundos a passagem do feixe de laser e fechá-la por 2 segundos, repetindo indefinidamente esta rotina. Estes pulsos de laser serão direcionados para o LDR.

Programa: Arduino NANO

```
int pulso=13;          // "define o pino que envia os pulsos para a lente 3D"
void setup () {
pinMode (pulso, OUTPUT);      // "Pulso é um pino de saída"
}
void loop () {
digitalWrite (pulso, HIGH);      //"Escreve no pino pulso 5V"
delay (2000);
digitalWrite (pulso, LOW);      //"Escreve no pino pulso 0V"
delay (2000);

}
```

Nas Figura 18, há uma distância de 2 metros entre um Arduino e outro. Esta distância pode ser maior ainda, dependendo da qualidade do laser e de sua potência. É possível separar o Arduino por distâncias da ordem de quilômetros, utilizando por exemplo, lasers usados para apontar para estrelas cuja potência é de 1W aproximadamente. Este sistema pode ajudar a economizar fios usados para comunicações seriais ou entre sensores que precisam ser lidos entre Arduinos. Porém, ao utilizar este sistema para aplicações com laser de alta potência é necessário cuidados como o uso de equipamentos de segurança individuais como; óculos especiais para barrar a luz laser e proteger olho humano.

Nesta configuração o laser foi fixado fortemente para que não haja desalinhamento do sistema e consequentemente a interrupção do funcionamento, uma vez que o valor lido pelo LDR pode mudar caso o sistema.

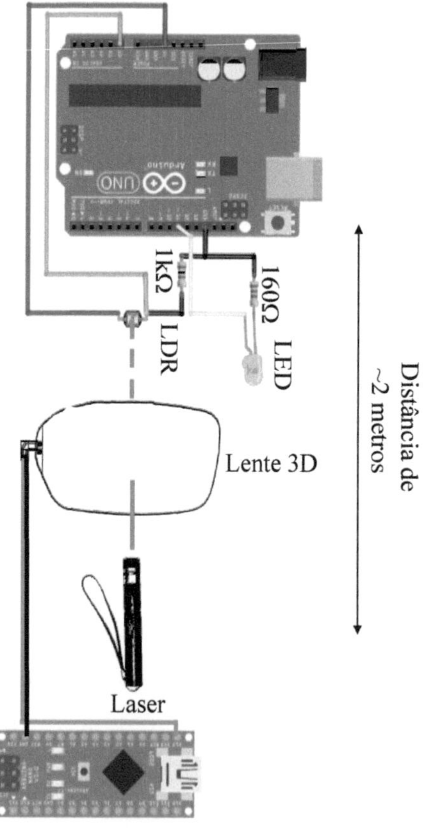

Figura 18. Montagem da comunicação via laser entre Arduinos para controle de LED.

Criando um Código com pulsos via laser para execução de um programa

Nesta aplicação será utilizado dois Arduinos, o primeiro atuará no controle um motor DC de 12V, controlado remotamente por um segundo Arduino programado para enviar um sinal de controle para que o primeiro ative ou desative o motor.

Materiais:

- Arduino NANO 1 ou Arduino UNO
- Arduino NANO
- LDR 10 mm
- Resistor de 100 Ω
- Resistor de 1 kΩ
- Fios
- Lente 3D com fios soldados.
- Laser pointer vermelho
- Motor DC de 12 V removido de escova rotativa.
- Fonte 12 V 3A
- TIP 41C

Neste exemplo iremos usar um motor DC removido de uma escova de cabelos rotativa. A Figura 19 apresenta o motor DC. O

Arduino não pode alimentar este motor, pois sua corrente e tensão são muito baixas comparadas com o necessário para o motor operar, logo é necessário o desenvolvimento de um circuito para o controle do motor (Fig. 20). A grande vantagem deste motor é que ele já vem acoplado a uma caixa de redução (uma caixa de combinação de engrenagens), que aumenta o torque do conjunto.

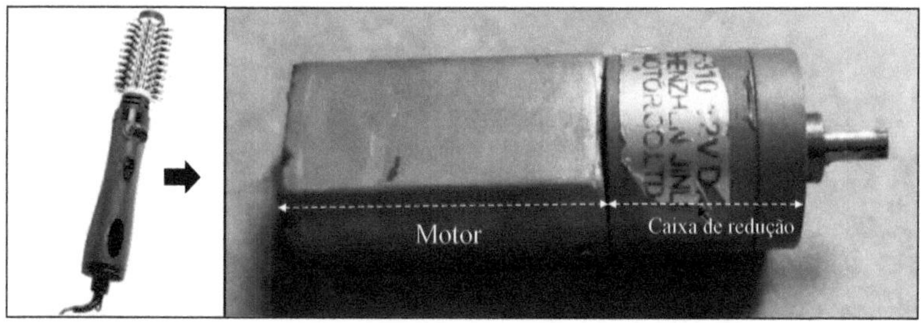

Figura 19. Motor DC removido de escova rotativa. Para alimentar o motor foi usada uma fonte DC de 12V e 3A.

Neste exemplo, também foi modificado a maneira com que a lente é ligada ao Arduino Nano. Aqui um resistor será colocado em paralelo para que o efeito capacitivo da lente seja eliminado. Este efeito faz com que a lente, após o escurecimento, demore um longo tempo para voltar a ficar transparente, mesmo após desaplicada a tensão de 5V.

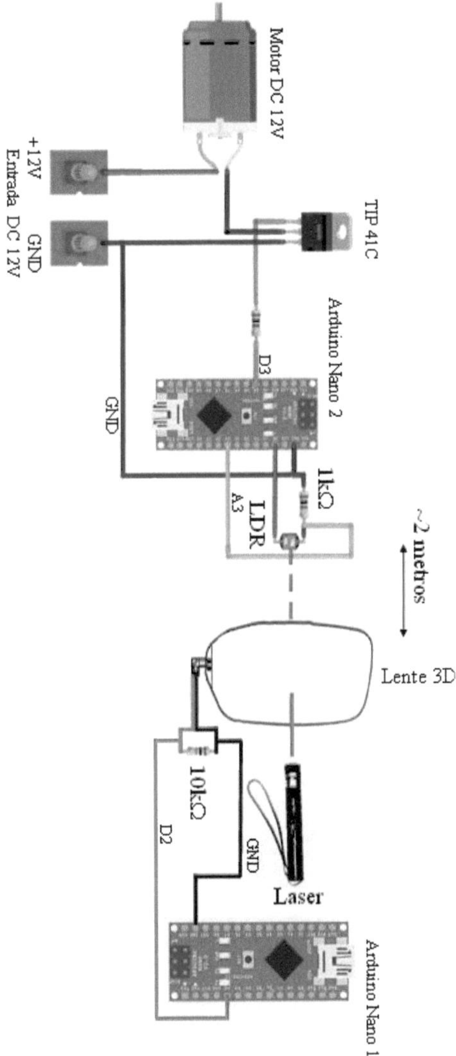

Figura 20. Esquema de ligação das duas aplicações para o desenvolvimento da comunicação serial via laser.

Programa: Arduino Nano 1:

```
void setup () {
pinMode (2, OUTPUT);
}
void loop () {
digitalWrite (2, HIGH);     //"Escreve no pino pulso 5V"
delay (1000);
digitalWrite (2, LOW);      //"Escreve no pino pulso 0V"
delay (1000);
}
```

Programa: Arduino Nano 2:

```
#define LDR A0
void setup () {
pinMode (2, OUTPUT);
pinMode (LDR, INPUT);
Serial.begin(9600);
}
void loop () {
float valor = analogRead (LDR);
int x = map (valor, 0, 1023, 0, 255);
Serial.println(x);      //"Escreve o valor de x na serial, para verifica-lo"
while(x > 80) {
```

```
Serial.println (x);              //" Indica a entrada no loop while"
digitalWrite (2, HIGH);          //"Escreve no pino pulso 5V"
 delay (500);                    // "Tempo de espera"
 digitalWrite (2, LOW);          //"Escreve no pino pulso 0V"
 x=0;

}
}
```

O programa no Arduino nano 1 é responsável por criar pulsos de laser ligando e desligando a lente dos óculos 3D, estes pulsos estão alinhados com o LDR que está conectado ao Arduino Nano 2. Após receber os pulsos, o Arduino Nano 2 lê o valor e compara com o valor de 80. Se o valor lido estiver acima do valor predefinido, o programa irá elevar a tensão do pino 2 que está conectado na base do TIP41C, fazendo com que o motor acione por uma tensão próxima a 12 V. Após 500 ms o Arduino desliga o pino 2 e zera a variável que armazena o valor lido no LDR. Isto faz com que o motor só funcione enquanto houver um pulso de laser chegando no LDR. Por isso é importante recobrir o LDR de forma que a luz ambiente tenha pouca interferência, ou quase nenhuma, sobre ele.

Com este programa básico, pode-se criar outros programas em que, ao invés de coletar um único valor do sensor LDR, pode-se trabalhar com uma média de 5 aquisições e definir este valor médio no *while*, desta forma, pode-se criar um valor médio para cada rotina de programa que seja de interesse, como se o Arduino 1 fosse a central e os Arduinos 1, 2, 3..., fossem os executores das ordens da central. Este valor médio então, pode ser ajustado pela duração e quantidades de pulsos, alterando o delay do programa no Arduino nano 1.

Isto abre portas para o desenvolvimento de redes de Arduinos controlados por fibra óptica pelo Arduino da central. Enfim, as possibilidades são infinitas e bastante interessantes!

Referências

[1] Arduino IDE, Versão 1.8.16. Disponível em: https://www.arduino.cc/en/software. Acesso 14 de Outubro de 2022.

[2] HALLIDAY, D. RESNICK, R. WALKER, J. Fundamentos de Física. Volume 3: Eletromagnetismo. Rio de Janeiro: LTC, 2008.

[3] Fritzing. Versão 0.9.4. Disponível em: https://fritzing.org/ . Acesso 10 de Outubro de 2020.

[4] HALLIDAY, D. RESNICK, R. WALKER, J. Fundamentos de Física. Volume 4: Optica e Física Moderna. Rio de Janeiro: LTC, 2008.

www.ingramcontent.com/pod-product-compliance
Ingram Content Group UK Ltd.
Pitfield, Milton Keynes, MK11 3LW, UK
UKHW042006190726
13854UKWH00005B/2191